TALKING SCIENCE – IN WELCHER SPRACHE SOLLTE DIE WISSENSCHAFT REDEN?

VORTRAG VON WOLFRAM KINZIG MIT DISKUSSION IM RAHMEN DER GESAMTSITZUNG DER ÖSTERREICHISCHEN AKADEMIE DER WISSENSCHAFTEN AM 29. JÄNNER 2021

ÖAW

VORWORT

ANTON ZEILINGER │ Präsident der Österreichischen Akademie der Wissenschaften
OLIVER JENS SCHMITT │ Präsident der philosophisch-historischen Klasse

Welche Sprachen können und sollen heute in wissenschaftlichen Diskursen verwendet werden und welche Risiken birgt die aktuelle Tendenz, vorrangig in englischer Sprache zu kommunizieren? Mit diesen Fragen beschäftigen wir uns an der Österreichischen Akademie der Wissenschaften bereits seit über zwei Jahren und haben in unserer aktuellen Leistungsvereinbarung einen Schwerpunkt zum Thema Mehrsprachigkeit gesetzt. Primäres Anliegen unterschiedlichster Projekte soll es sein, die sprachliche Vielfalt Europas sichtbarer zu machen und zu stärken sowie ihren Mehrwert in Wissenschaft und Gesellschaft zu verdeutlichen.

Dass die Relevanz dieses Themas nicht nur an der ÖAW wahrgenommen wird, bestätigte sich in Diskussionen mit führenden europäischen Akademien, nicht zuletzt am Akademietag 2019, einem 2018 von der ÖAW initiierten Format, das Partnerakademien zum Austausch ein-

lädt. Bei dieser Zusammenkunft von Gelehrtengesellschaften war es vor allem die Slowenische Akademie, der Mehrsprachigkeit und die kulturelle Pluralität in Europa besonders am Herzen lagen.

Einige Wochen vor der Gesamtsitzung der ÖAW im Jänner 2021 entdeckten wir einen Essay von Prof. Wolfram Kinzig in der Wochenzeitung „Die Zeit" zu diesem Thema. Wolfram Kinzig lehrt als ordentlicher Professor Kirchengeschichte an der Universität in Bonn und ist Gründungsmitglied und Sprecher des Zentrums für Religion und Gesellschaft der Rheinischen Friedrich-Wilhelms-Universität in Bonn. Seine Forschungsschwerpunkte und wissenschaftlichen Interessen erstrecken sich über einen sehr weiten Raum: von klassischen Themen der Älteren Kirchengeschichte über Altkirchliche Exegese und Predigt bis hin zur Auseinandersetzung mit der Geschichte der jüdisch-christlichen Beziehun-

gen. Wolfram Kinzig beschäftigt sich mit Universitäts- und Wissenschaftsgeschichte, dabei vor allem der Wissenschaftsgeschichte der Theologie, aber auch mit Fragen des globalen Christentums in der Gegenwart. Darüber hinaus setzt er sich zunehmend mit dem eingangs angesprochenen Thema auseinander, nämlich der Bedeutung der Mehrsprachigkeit in den Geisteswissenschaften in einer globalisierten Wissenschaftslandschaft.

Sein Essay war Anlass für uns, mit ihm das wissenschaftliche Gespräch zu suchen, wofür wir ein besonderes Forum, das wir als Akademie der Wissenschaften zur Verfügung stellen können, den Vortrag in der Gesamtsitzung, gewählt haben. Wolfram Kinzigs Beitrag zur Frage der Mehrsprachigkeit und die angeregte Diskussion im Anschluss möchten wir mit dieser Publikation einem breiteren Publikum zur Verfügung stellen. Wir wünschen Ihnen eine anregende Lektüre!

TALKING SCIENCE – IN WELCHER SPRACHE SOLLTE DIE WISSENSCHAFT REDEN?

WOLFRAM KINZIG

Zunächst möchte ich mich bedanken für die freundliche Einladung, in der Gesamtsitzung der Österreichischen Akademie der Wissenschaften sprechen zu dürfen. Ich tue dies mit einem gewissen Zögern, denn ich maße mir als Kirchenhistoriker nicht an, über sprachgeschichtliche Entwicklungen kompetent zu urteilen. Es gibt ja in der Sprachwissenschaft einen ganzen Forschungszweig „Wissenschaftssprache" mit eigenen Arbeitskreisen, spezifischer Didaktik und auch exzellenten Darstellungen aus jüngster Zeit.[1] Allerdings sehe

ich mich in diesem Punkt durchaus als einen informierten Laien, wobei mein Selbstvertrauen zum ersten aus zehn Jahren Forschung und Lehre in Großbritannien, zum zweiten aus Kenntnissen des internationalen Wissenschaftsbetriebs und zum dritten aus einer über dreißigjährigen Erfahrung in einer zweisprachigen Familie herrührt.

Ich möchte darum in sechs kurzen Abschnitten einige Beobachtungen zum Wechsel zur Wissenschaftssprache Englisch, wie er sich nicht nur meinem Eindruck nach in weiten Teilen der Geisteswissenschaften vollzogen hat, und Gedanken zu Konsequenzen, die sich daraus für die Wissenschaftskultur ergeben, vortragen.

I. ANGLOPHONISIERUNG DER WISSENSCHAFT

Ich möchte zunächst an einem Beispiel aus meinem eigenen Fach zeigen, wie sich die Wissenschaftslandschaft unter dem Einfluss des Englischen sprachlich verändert hat: Alle vier Jahre trifft sich in Oxford

---

[1] Vgl. http://www.wissenschaftssprache.org (16.01.2021). Zur Didaktik der Wissenschaftssprache Deutsch vgl. z.B.: Gabriele Graefen/Melanie Moll, Wissenschaftssprache Deutsch: lesen – verstehen – schreiben. Ein Lehr- und Arbeitsbuch, Frankfurt am Main etc. 2011 (dazu die Webseite: http://www.wissenschaftssprache.de; 25.01.2021); Nadja Fügert/Ulrike A. Richter, Wissenschaftssprache verstehen. 2 Bände, Stuttgart o.J. [2016] (Deutsch für das Studium). Eine wichtige neue Publikation in vornehmlich historischer Perspektive: Uwe Pörksen, Zur Geschichte deutscher Wissenschaftssprachen. Aufsätze, Essays, Vorträge und die Abhandlung „Erkenntnis und Sprache in Goethes Naturwissenschaft", hg. von Jürgen Schiewe, Berlin 2020.

die „International Conference on Patristic Studies", die Gemeinschaft derer, die die antike Christenheit erforschen. In Oxford versammelten sich zu diesem Zweck zuletzt fast tausend Menschen.

Die Konferenz war früher überwiegend eine europäische Angelegenheit, und dementsprechend sprach man bei den Treffen wie selbstverständlich Englisch, Französisch, Deutsch und in bescheidenerem Umfang auch Italienisch. Das hat sich über die Jahre deutlich verändert. Wenn man sich die Sprachen der Konferenzbeiträge, wie sie in der Reihe der *Studia Patristica* veröffentlicht werden (die allerdings nicht alle Vorträge enthalten), über die Jahre anschaut, so ergibt sich folgendes Bild:

– Von der zweiten Konferenz (die erste, deren Akten in den *Studia Patristica* publiziert wurden) aus dem Jahre 1955 liegen in der Reihe 116 Beiträge in zwei Bänden im Druck vor.[2] Davon waren 66 auf Englisch (57%), 38 auf Französisch (33%), 9 auf Deutsch (8%), 2 auf Russisch (1%) und einer auf

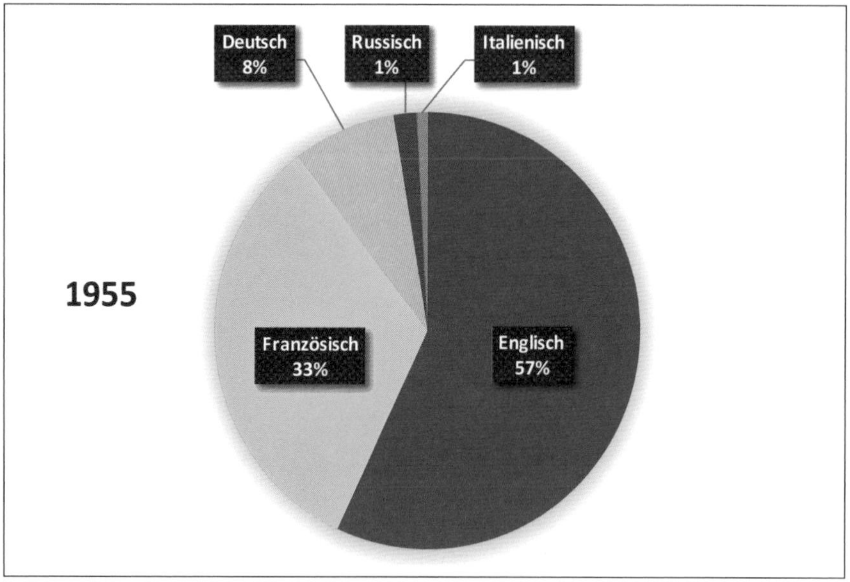

Abb. 1: Verteilung der Sprachen bei der Konferenz 1955, © Kinzig.

Italienisch (1%) verfasst (Abbildung 1).

– Von der achten Konferenz 1979 wurden 169 Vorträge in den *Studia Patristica* in drei Bänden gedruckt.[3] Davon wurden 108 Beiträge auf Englisch (67%), 37 auf Französisch (22%), 14 auf Deutsch (8%), 4 auf Italienisch (2%) und einer auf Spanisch (1%) geschrieben. Schon hier

ist deutlich, dass der Anteil der englischsprachigen Aufsätze absolut wie relativ deutlich gestiegen ist, während die Zahl der französischsprachigen Artikel relativ gesehen zwar zurückgegangen, aber absolut auf einem recht hohen Niveau verblieben ist. Die Zahl der deutschen Beiträge blieb stabil (Abbildung 2).

– In den letzten Jahrzehnten stieg die Zahl der Teilnehmerinnen und Teilnehmer aus den USA wei-

---

[2] Vgl. Studia Patristica, Bd. I und II, Berlin 1957 (Texte und Untersuchungen 63/64).

[3] Vgl. Studia Patristica, Bd. XVII/1-3, Oxford etc. 1982.

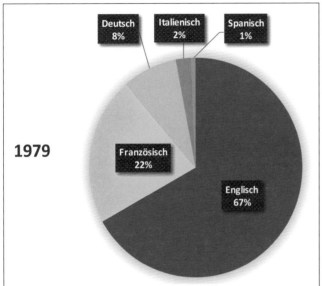

Abb. 2: Verteilung der Sprachen bei der Konferenz 1979, © Kinzig.

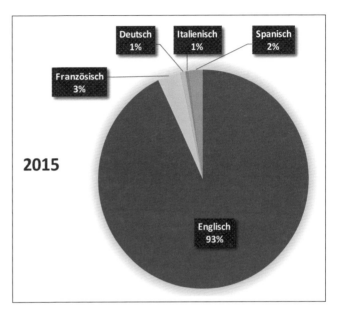

Abb. 3: Verteilung der Sprachen bei der Konferenz 2015, © Kinzig.

ter an. Nach dem Fall der Mauer stießen zudem immer mehr Forscherinnen und Forscher aus den Ländern des früheren Ostblocks hinzu, gleichzeitig weitere Kolleginnen und Kollegen aus Australien, und neuerdings haben sich Gelehrte aus Lateinamerika und Asien hinzugesellt. Es sind auch keineswegs nur noch Theologen, sondern ebenso Althistoriker, Klassische Philologen, Christ-

liche Archäologen und andere. Eine wunderbare Sache eigentlich – wenn diese nationale und fachliche Ausweitung nicht paradoxerweise gleichzeitig dazu geführt hätte, dass die Sprachkompetenzen weiter abnahmen. Dies wird an der Dokumentation der vorletzten Konferenz im Jahre 2015 eindrucksvoll erkennbar (die Akten der Konferenz von 2019 liegen noch nicht im Druck vor): Sie

umfasst mittlerweile 24 Bände.[4] Die Zahl der Beiträge ist auf 512 angewachsen, wovon 476 auf Englisch (93%) gehalten wurden, 18 auf Französisch (3%), 11 auf Spanisch (2%), 3 auf Italienisch (1%) und noch ganze 4 auf Deutsch (1%). Der Anteil der französischsprachigen Beiträge ist also abso-

---

4   Vgl. Studia Patristica, Bd. LXXV-XCVIII, Leuven etc. 2017.

lut wie relativ erheblich gesunken. Hinzugekommen sind – durch die verstärkte Teilnahme von hispanischen Gelehrten – die spanischsprachigen Vorträge. Deutsch ist fast ganz verschwunden. Noch dazu stammen zwei von den vier deutschsprachigen Aufsätzen von einer Armenierin und einem Japaner (Abbildung 3).

II. DIE AUSBREITUNG DES AKADEMISCHEN PIDGIN

Die Folgen dieses Wandels für die wissenschaftliche Qualität sind gravierend: In meinem eigenen Fach und den diesem benachbarten altertumswissenschaftlichen Disziplinen geht es ja nicht, wie in vielen Naturwissenschaften, um ein formelgetränktes und darum vergleichsweise einfaches technisches Englisch, sondern es müssen oft hochkomplexe Argumentationen aus den Quellsprachen Lateinisch und Griechisch übersetzt und analytisch aufgeschlüsselt werden. Das können nur die wenigsten auf Englisch wirklich gut. Schon die Aussprache beim Vortrag ist oft schwer verständlich, und in der schriftlichen Form wimmelt es dann von grammatikalischen Fehlgriffen. Das wiederholt sich bei Zeitschriftenpublikationen: Auch im Peer-Review-Verfahren muss man oft eingereichte Aufsätze ablehnen, weil das Englisch in einem Grad unidiomatisch oder fehlerhaft ist, dass die Argumentation unverständlich wird. Ganz abgesehen davon sind viele Kolleginnen und Kollegen zwar gerade noch imstande einen englischsprachigen Vortrag abzulesen, sind aber dann in der Diskussion englischen Muttersprachlern zwangsläufig haushoch unterlegen, wodurch sich häufige Fehleinschätzungen der inhaltlichen Qualität von Vorträgen ergeben.

Die zunehmende Anglophonisierung hat dann auch in anderer Hinsicht fatale Folgen: Sekundärliteratur, die nicht auf Englisch verfasst ist, wird international kaum noch wahrgenommen. Während ich noch in einer Wissenschaftskultur aufgewachsen bin, in der selbstverständlich vorausgesetzt wurde, dass man die Arbeiten im Fach in den bereits genannten Sprachen zur Kenntnis nahm, ist das heute in weiten Bereichen meiner Wissenschaft und, wenn ich recht sehe, auch in den geisteswissenschaftlichen Nachbardisziplinen immer weniger der Fall. Wie oft muss man in Rezensionen anmerken, dass zentrale Studien, die auf Deutsch oder Französisch verfasst wurden, von dem besprochenen Autor ignoriert wurden!

III. WARUM ES NICHT GLEICHGÜLTIG IST, IN WELCHER SPRACHE GELEHRTE SCHREIBEN

Abgesehen von diesen eher funktionalen und in gewissem Sinne „technischen" Fragen ergibt sich aber noch ein anderes Problem, dem die bisherige Diskussion meines Erachtens zu wenig Aufmerksamkeit geschenkt hat.[5] Die Sätze im heutigen Wissenschaftsenglisch sind im Allgemeinen kürzer als im Deutschen und haben auch eine andere Dynamik. Um es auf einen kurzen Nenner zu bringen: Während ich im Deutschen einen Sachverhalt darzustellen suche, muss ich im Englischen eine relativ zügig fließende Geschichte erzählen.[6] Ich

---

[5] Wichtige Anregungen in diesem Zusammenhang liefert das von Siegfried Gehrmann und Slađan Turković herausgegebene Themenheft zur „Anglophonisierung der Wissenschaftssprache" in der Zeitschrift „Zagreber Germanistische Beiträge" 28 (2019).

[6] Zu diskutieren wäre in diesem Zusammenhang, wie sich diese Beobachtung zu der älteren Debatte um Darstellungsformen

kann einen Problemzusammenhang nicht in seiner ganzen Komplexität zerlegen und analysieren, sondern muss die Leserin und den Leser in einen Geschehenszusammenhang hineinnehmen.

Um Ihnen zu illustrieren, dass die Forderung nach kurzen Sätzen in Wissenschaftsprosa im Englischen weit verbreitet ist, zitiere ich aus dem Eintrag „An Academic's Guide to Writing Well" von der „Times Higher Education"-Website.[7] Der Verfasser Joe Moran, Professor für Englisch und Kulturgeschichte in Liverpool, gibt seiner akademischen Leserschaft im Hinblick auf den Gebrauch von Nebensätzen folgenden Rat:

„Subordination is an essential part of subtle, layered writing. But long runs of subordinated sentences feel leeched of life, their motion halted by hierarchy. They muffle the beating heart of writing, the subject and main verb, with riders and provisos. A sentence gets its thrust by moving from subject to action."

„From subject to action" – das ist nun gerade das, was der deutschsprachige Wissenschaftler mit seinen theoriegeleiteten Tiefenbohrungen nicht will. Ich schreibe etwa die Hälfte meiner Arbeiten auf Englisch und habe dabei am eigenen Leibe erfahren: Ich denke in der Sprache des großen Barden anders als in meiner Muttersprache. Wenn ich Englisch schreibe, denke ich zielgerichtet, ich reduziere die Nebensätze auf ein Minimum, bilde schlanke Hauptsätze, die durch Verbindung mittels Konjunktionen eine eigentümliche Geradlinigkeit und Dynamik entfalten. Das Deutsche verweilt gern, es nimmt das Tempo heraus, bohrt sich in einen einzelnen Gedanken hinein und wird dadurch auch oft als sperrig oder, positiv gewendet, „tiefgründig" empfunden.

Wie sich durch den Wechsel der Sprache das Denken verändert, möchte ich Ihnen an einem kleinen Beispiel aus meiner eigenen Werkstatt zeigen. (Ich habe es nicht aus Eitelkeit, sondern aus ganz pragmatischen Grün-

den ausgewählt, da die Bibliotheken in Deutschland momentan wegen der Corona-Pandemie geschlossen sind.) Derzeit wird eine englische Übersetzung meines Büchleins zur „Christenverfolgung in der Antike"[8] vorbereitet. Im ersten Kapitel findet sich folgender Satz:

„Die besondere charismatische Begabung dieses Wanderpredigers [sc. Jesus], der der Überlieferung zufolge auch viele Wunder gewirkt hatte und den man schließlich mit dem lang erwarteten Messias identifizierte, sowie die Ereignisse und Erlebnisse, die sich an seine Hinrichtung anschlossen, führten dazu, dass bereits die ältesten Quellen von einer leiblichen Auferstehung Jesu sprechen und man ihm schon sehr früh göttliche Qualitäten zuschrieb."

Dieser Satz hat 58 Wörter. Wenn man ihn syntaktisch aufgliedert, erhält man das in Tabelle 1, S. 10 dargestellte Schaubild.

Die Grundaussage ist: (a) Die besondere Begabung Jesu und (b) Ostern führten zur Vorstellung von der leiblichen Auferstehung und zur Verehrung Jesu als Gott.

Wie sieht nun die englische Übersetzung aus, die zwar in diesem Fall

vornehmlich in der Geschichtswissenschaft und um einen behaupteten „narrative turn" verhält. Das kann hier natürlich nicht geleistet werden. Vgl. dazu etwa die Übersicht in: Achim Saupe/Felix Wiedemann, Narration und Narratologie. Erzähltheorien in der Geschichtswissenschaft, Version: 1.0, in: Docupedia-Zeitgeschichte, 28.01.2015 http://docupedia.de/zg/saupe_wiedemann_narration_v1_de_2015 (20.01.2021).

7 Joe Moran, An Academic's Guide to Writing Well (4. Oktober 2018); https://www.timeshighereducation.com/features/academics-guide-writing-well (18.01.2021).

8 München 2019 (bw 2898).

Hauptsatz (1. Subjekt)	Die besondere charismatische Begabung dieses Wanderpredigers,
Doppelter Relativsatz	der der Überlieferung zufolge auch viele Wunder gewirkt hatte und den man schließlich mit dem lang erwarteten Messias identifizierte,
Hauptsatz (2./3. Subjekt)	sowie die Ereignisse und Erlebnisse,
Relativsatz	die sich an seine Hinrichtung anschlossen,
Hauptsatz (Prädikat)	führten dazu,
Doppelter Objektsatz	dass bereits die ältesten Quellen von einer leiblichen Auferstehung Jesu sprechen und man ihm schon sehr früh göttliche Qualitäten zuschrieb.

Tab. 1

nicht von mir stammt, die ich aber autorisiert habe und die so auch von mir hätte stammen können?

„Credited with having performed many miracles, this charismatically gifted wandering preacher was eventually associated with the long-expected Messiah. Together with the events and experiences following his execution, this eventually meant that even the earliest sources spoke of the resurrection of Jesus and attributed divine qualities to him."[9]

---

9 Wolfram Kinzig, The Persecutions of Christians in Antiquity, übersetzt von Markus Bockmuehl, Waco, Texas 2021, S. 9.

Hier hat der ganze Abschnitt nur 47 Wörter. Der eine deutsche Satz ist in zwei Sätze aufgebrochen, die folgende Struktur haben (Tabelle 2, S. 11): In der englischen Fassung ist das Subjekt des Satzes nicht mehr die „Begabung" und „die Ereignisse und Erlebnisse", sondern es ist im ersten Satz der „Wanderprediger" („wandering preacher") und im zweiten Satz ein unbestimmtes Subjekt, das durch das Demonstrativpronomomen „this" bezeichnet ist und den vorherigen Satz insgesamt sowie die auf die Hinrichtung folgenden „Ereignisse und Erfahrungen" („events and experiences") zusammenfasst. Beide riefen, so die Aussage, mittels einer nur vage ausgedrückten „Bedeutung" („meant") eine bestimmte Wirkung hervor („this meant"), welche sich schließlich („eventually") einstellte. Dabei wird im ersten Satz die Identifikation des Wanderpredigers mit dem Messias, die im Deutschen in einen Nebensatz ausgelagert war, herausgenommen und prominent in den ersten der beiden Hauptsätze platziert und damit in ihrer Bedeutung für den Argumentationsgang aufgewertet. Die syntaktische Bewegung verläuft also im ersten Satz von (a) dem „wandering preacher" zu einer (b) mit ihm verbundenen „Assoziation". Dann setzt die Bewegung mit (c) dem unbestimmten Subjekt „this" neu ein und führt (d) zu

1. Satz Partizipialkonstruktion	Credited with having performed many miracles,
Hauptsatz (Subjekt / Prädikat)	this charismatically gifted wandering preacher was eventually associated with the long-expected Messiah.
2. Satz Präpositionalgruppe	Together with the events and experiences following his execution,
Hauptsatz (Subjekt / Prädikat)	this eventually meant
Objektsatz	that even the earliest sources spoke of the resurrection of Jesus and attributed divine qualities to him.

Tab. 2

einem „Bedeuten" („meant"), welches im Objektsatz inhaltlich gefüllt wird. Setzt man voraus, dass der Autor die für die Argumentation entscheidenden Aussagen im Hauptsatz platziert, dann sind im englischen Text aus *einer* Grundaussage deren *zwei* geworden. Hinzu kommen feine Verschiebungen in der Semantik der verwendeten Wörter: „to associate" ist nicht ganz dasselbe wie „identifizieren", und „Erlebnis" ist stärker auf das Subjekt der Erfahrung bezogen als das viel neutraler klingende „experience". Zu beachten ist auch die Kleinigkeit, dass im Objektsatz der deutsche Ausdruck „sehr früh" vor „göttliche Qualitäten" gestrichen wurde, weil der Übersetzer das Gefühl hatte, die-

ser Zeitaspekt sei bereits durch „die ältesten Quellen" hinreichend ausgedrückt: ein schönes Beispiel für die sprachliche Ökonomie des Englischen, die auch zur Kürze des Satzes beiträgt.

Im Englischen stehen Subjekt und Prädikat unmittelbar nebeneinander, der Satz bewegt sich – in den Worten Joe Morans – „from subject to action". Im deutschen Original fehlt diese Bewegung zwar nicht, aber sie verläuft viel langsamer, weil der Grund für die Handlung sowie chronologische Aspekte in den Relativsätzen ausgedrückt sind, die zwischen Subjekt und Prädikat zu stehen kommen. Im vorliegenden Beispiel nimmt das Deutsche das Gewicht durchaus

nicht aus der Handlung heraus – im Gegenteil: Durch die Verzögerung und die damit verbundene Länge des Satzes wird eine Spannungs*steigerung* erreicht, welche die Wirkung der charismatischen Begabung Jesu sowie Osterns noch hervorhebt, während der englische Satz elegant vom Subjekt zum Prädikat gleitet.

Nun könnten Sie sagen: Der Kinzig macht einfach zu lange Sätze. Und die Anglistinnen und Anglisten unter Ihnen sehe ich schon gedanklich alternative Übersetzungen durchspielen. Mit Ersterem hätten Sie (vielleicht) recht, und Letzteres wäre sicher möglich. Aber ich denke, es ist deutlich geworden, worauf es mir hier ankommt: Wer die Sprache wechselt, wechselt die Weise des wissenschaftlichen Argumentierens und Darstellens. Ich denke und schreibe im Englischen anders als im Deutschen.

IV. WACHSENDER WIDERSTAND

Die beschriebene Beobachtung ist literarischen Übersetzerinnen und Übersetzern natürlich wohl bekannt. Mir ist wichtig zu betonen, dass sie eben auch für die Wissenschaft gilt, dass sich auch die Ergebnisse unserer Wissenschaft nicht aus fehlender Sprachbeherrschung, sondern *aus sprachintrinsischen Gründen* nicht einfach eins zu eins von einer Sprache in die andere Sprache übertragen lassen, als käme es auf das Medium der Kommunikation letztlich nicht an. Möglicherweise berühren sich an diesem Punkt, in der guten Darstellung und im guten Stil, auch Wissenschaft und Kunst. Falls das richtig ist, stellt sich jedoch immer drängender die Frage: Wieso lassen wir Geisteswissenschaftlerinnen und Geisteswissenschaftler uns eigentlich widerstandslos von der Welle der Anglophonisierung überrollen? Es käme ja auch niemand auf die Idee, Elfriede Jelinek zu bitten, sie müsste ihre Romane und Dramen gleich auf Englisch schreiben.

Dieser Trend zum Englischen als einzig akzeptierter Wissenschaftssprache treibt in meinem eigenen Land mittlerweile die merkwürdigsten Blüten. So häufen sich in meinem Bekanntenkreis Berichte von Tagungen, auf denen alle angehalten wurden, auf Englisch vorzutragen, weil ein Teilnehmer oder eine Teilnehmerin des Deutschen nicht mächtig war. Viele Webseiten deutscher Exzellenzuniversitäten werden lieber in schlechtem Englisch als gutem Deutsch von PR-Managern erstellt, weil man damit seine internationale Leuchtturmfähigkeit unter Beweis stellen möchte.

Darum mehren sich schon seit geraumer Zeit die Zeichen des Unwohlseins über diesen Zustand – übrigens nicht nur im Deutschen. Schon 2007 erschien im Wissenschaftsmagazin *Nature* ein Artikel, in dem südkoreanische Wissenschaftler beklagten, sie würden international nicht gehört, weil sie das Englische nicht genügend beherrschten.[10] Im Jahre 2016 veröffentlichten der Philosoph Jürgen Mittelstraß und die Romanisten Jürgen Trabant und Peter Fröhlicher ein „Plädoyer für Mehrsprachigkeit in der Wissenschaft", welches sie im Auftrag der Wissenschaftsräte Deutschlands, Österreichs und der Schweiz erarbeitet hatten.[11]

In neuester Zeit scheint der Widerstand zuzunehmen: Im Jahre 2018 veranstaltete die Akademie für politische Bildung in Tutzing eine Tagung mit dem Titel „Die Sprache von Forschung und Lehre – Lenkung durch Konzepte der Ökonomie?", deren Vorträge mittlerweile im Druck vorliegen.[12] Im folgenden Jahr erschien in den „Zagreber Germanistischen Beiträgen" ein sehr lesenswertes Themenheft zur „Anglophonisierung der Wissenschaftssprache".[13]

Der Hochschullehrerbund veröffentlichte im Dezember 2019 eine Stellungnahme: „Die Bedeutung der

---

[10] Vgl. Bonnie Lee La Madeleine, Lost in Translation, Nature 445 (2007), S. 454 f. Download: https://www.nature.com/articles/nj7026-454a (20.01.2021).

[11] Vgl. Jürgen Mittelstraß/Jürgen Trabant/Peter Fröhlicher, Wissenschaftssprache. Ein Plädoyer für Mehrsprachigkeit in der Wissenschaft, Stuttgart 2016.

[12] Vgl. Ursula Münch u.a., Die Sprache von Forschung und Lehre – Lenkung durch Konzepte der Ökonomie?, Baden-Baden 2020 (Tutzinger Studien zur Politik 16).

[13] Zagreber Germanistische Beiträge 28 (2019).

Landessprache in der Lehre".[14] In der „Süddeutschen Zeitung" erschien zwei Monate später ein Appell für das Deutsche aus der Feder der Romanistin Lidia Becker und der Linguistin Elvira Narvaja de Arnoux.[15] Der bereits erwähnte Jürgen Trabant publizierte im letzten Jahr im Beck-Verlag eine Kampfschrift zur Verteidigung der Sprachenvielfalt.[16] Die Zeitschrift „DUZ – Wissenschaft und Management" brachte im vergangenen Dezember ein Themenheft zum „Wert der Sprache" in der Wissenschaft heraus.[17] Die Österreichische Akademie hat sich gemeinsam mit anderen Wissenschaftsinstitutionen ebenfalls seit geraumer Zeit mit dem Thema beschäftigt und unter anderem ein Memorandum „Mehrsprachigkeit in den Geisteswissenschaften" erarbeitet. Zur Förderung des Deutschen als Wissenschaftssprache existiert seit 2007 sogar ein sehr rühriger gleichnamiger Arbeitskreis mit dem Akronym ADAWIS.[18]

V. OFFENE FRAGEN

Es wird spannend sein zu sehen, ob sich die Situation in den kommenden Jahrzehnten verändern wird. Dazu deute ich abschließend einige offene Fragen an:

1. Wie wird sich das Englische durch den industriellen Aufstieg und den wachsenden kulturellen wie wissenschaftlichen Beitrag anglophoner afrikanischer und asiatischer Staaten, vor allem Südafrikas und Indiens, weiter wandeln? Dieser Prozess ist ja bereits im Alltagsleben, aber auch in vielen Bereichen wie der Popkultur in vollem Gange. Englisch ist nicht gleich Englisch!

2. Welche Rolle wird künftig Lateinamerika spielen? Wie Sie an meiner Statistik sahen, ist in der Patristik die wachsende Rolle von spanischsprachigen Forscherinnen und Forschern mit den Händen zu greifen. Die derzeitige Vorsitzende unserer Fachgesellschaft, der Association Internationale d'Études Patristiques, Patricia Ciner, ist eine Argentinierin – ein erfreuliches Phänomen, das noch vor zehn Jahren kaum denkbar gewesen wäre.

3. Wird das Chinesische vielleicht eines Tages das Englische in bestimmten Disziplinen ablösen? In den meisten geistes- und gesellschaftswissenschaftlichen Fächern kann ich das zwar einstweilen nicht erkennen, aber wie ist es in den Naturwissenschaften?

4. Welche Auswirkungen werden der allenthalben zu beobachtende Abbau der Geisteswissenschaften in vielen angelsächsischen Ländern, aber auch andere Ereignisse wie die Corona-Pandemie und in Großbritannien der Brexit haben?

---

14 Vgl. https://www.hlb.de/fileadmin/hlb-global/downloads/uber_uns/2019-12-13_hlb-Diskussionspapier_Landessprache_in_der_Lehre.pdf (20.01.2021)

15 Vgl. „Es muss nicht immer Englisch sein. Deutsch als Wissenschaftssprache geht im Mainstream unter. Zeit für eine Umkehr", in: Süddeutsche Zeitung vom 10.02.2020. Download unter: https://www.sueddeutsche.de/bildung/wissenschaft-es-muss-nicht-immer-englisch-sein-1.4789957 (20.01.2021). Vgl. dieselben, Utopie der Universalsprache Englisch. Über Missverständnisse und offene Fragen der Anglophilie an deutschen Hochschulen im internationalen Vergleich, DUZ-Website vom 04.12.2020 (https://www.duz.de/beitrag/!/id/962/utopie-der-universalsprache-englisch; 20.01.2021).

16 Vgl. Jürgen Trabant, Sprachdämmerung. Eine Verteidigung, München 2020.

17 Vgl. DUZ Wissenschaft & Management Nr. 10/2020 vom 04.12.2020. Vgl. https://www.duz.de/ausgabe/!/id/531 (18.01.2020).

18 Vgl. https://adawis.de (18.01.2020).

Es gibt zahlreiche Hinweise darauf, dass ein *braindrain* aus diesen Ländern eingesetzt hat. Wird sich dieser in sprachlicher Hinsicht auswirken?

5. Welche Rolle werden leistungsfähige Übersetzungsprogramme wie DeepL in der Zukunft spielen? [19] Werden sie in der Lage sein, „tiefgründiges" Deutsch in „elegantes" Englisch zu verwandeln? (Ich habe den vorhin diskutierten Satz spaßeshalber einmal in DeepL eingegeben: Das Ergebnis war nicht schlecht – aber von gutem Englisch ist es noch meilenweit entfernt.[20])

Ob das Deutsche von dieser Entwicklung profitieren kann und muss, ist mir eine offene Frage. Es ist mir aber auch nicht ausgemacht, dass es in der Wissenschaft ganz verschwinden wird.

VI. SPRACHENVIELFALT IN DER WISSENSCHAFT ALS POLITISCHE AUFGABE

Die Förderung der Mehrsprachigkeit in der Wissenschaft ist nicht nur eine Frage des Ethos der Einzelwissenschaften, sondern ebenso eine eminent politische Aufgabe, denn es geht um die Erhaltung kultureller Vielfalt. Dazu bedarf es auch politischer Maßnahmen. Mittelstraß, Trabant und Fröhlicher haben hierfür in dem erwähnten Papier auch Empfehlungen erarbeitet. Ich möchte diese hier nicht im Einzelnen wiederholen, sondern nur an die letzte Empfehlung erinnern. Sie stellt gleichzeitig ein wunderbares Beispiel einer sehr deutschen Wissenschaftsprosa dar:

„Generell sollte das Ziel aller Bemühungen im institutionellen Rahmen einer Etablierung von Mehrsprachigkeit in der Wissenschaft ein Zustand sein, in dem jeder Wissenschaftler in der Lage ist, dem wissenschaftlichen Diskurs (in Schrift und Wort) in aus disziplinärer Perspektive zentralen Wissenschaftssprachen zu folgen (Lese- und Rezeptionsfähigkeit) und seinerseits von der *scientific community* als Autor und als Sprecher einer Wissenschaftssprache gelesen und verstanden wird."[21]

Das ist ein Satz mit 62 Wörtern – versuchen Sie einmal, ihn ins Englische zu übersetzen!

In welcher Sprache sollte die Wissenschaft reden? In möglichst vielen Sprachen und in Sprachen, die denen, die Wissenschaft praktizieren, am nächsten liegen.

---

[19] Vgl. https://www.deepl.com/translator (19.01.2021).

[20] „The special charismatic gift of this itinerant preacher, who according to tradition had also worked many miracles and was finally identified with the long-awaited Messiah, as well as the events and experiences that followed his execution, led to the fact that the oldest sources already speak of a bodily resurrection of Jesus and that divine qualities were attributed to him very early on." Der Satz ist, gemessen an der Wortzahl, noch länger als der deutsche!

[21] Mittelstraß/Trabant/Fröhlicher (wie Anm. 10), S. 42.

DISKUSSION

OLIVER JENS SCHMITT

Gerade der letzte Punkt, der sich auf die Publikation von Mittelstraß, Trabant und Fröhlicher bezieht, scheint mir sehr wichtig. Ergebnisse, die bereits auf sehr hohem Niveau erzielt wurden, sollten nicht einfach aus sprachlichen Gründen ignoriert werden. Zugespitzt ausgedrückt darf in einem aus öffentlichen Geldern finanzierten Wissenschaftsbetrieb das Rad nicht neu erfunden werden. Ich freue mich auf Fragen und Kommentare und bitte um Wortmeldungen. Ich übergebe die Diskussionsführung an unseren Präsidenten.

ANTON ZEILINGER

Herzlichen Dank, Herr Kinzig, für Ihre wunderbare Darstellung. Ich darf aus meinem Bereich ergänzen. Ich bin Quantenphysiker und befasse mich seit jeher mit fundamentalen Fragen. Technische Anwendungen sind zwar wichtig, helfen aber nicht wirklich bei fundamentalen Fragen. Ich mache ganz ähnliche Beobachtungen zur Rolle der Sprache in meinem Bereich. Die ursprüngliche Diskussion zur Bedeutung der Quantenphysik zwischen Personen wie Albert Einstein, Werner Heisenberg, Erwin Schrödinger oder auch Niels Bohr wurde auf Deutsch geführt und hat eine unglaubliche Tiefe. Dieser Diskurs wurde auf Englisch nicht wirklich fortgesetzt. Das ist in meinen Augen ein echtes Problem, denn die zukünftige Entwicklung auf fundamentaler Ebene hängt sehr wesentlich von Begriffsbildungen ab und davon, dass tiefe Fragen erörtert werden. Wenn diese im wissenschaftlichen Diskurs auf Englisch auftauchen, werden sie meist einfach übergangen. Hier sind sicherlich auch sprachliche Aspekte mit am Werk. Soweit eine Ergänzung aus meiner persönlichen Sicht. Ich spreche als Wissenschaftler, nicht als Präsident der Akademie.

Es gibt eine Wortmeldung aus dem Publikum. Herr Rössner, bitte.

MICHAEL RÖSSNER

Die dargestellte Entwicklung konnte in den letzten Jahren in vielen Disziplinen in einer ähnlichen Weise beobachtet werden. Wie unser Präsident bin ich davon überzeugt, dass dieses Phänomen nicht nur die Geisteswissenschaften betrifft, sondern auch die Naturwissenschaften. Insbesondere dort, wo grundlegende Überlegungen angestellt werden, die sich nicht auf das Technische und Mathematische beschränken.

Ich habe in den letzten zehn Jahren in fünf verschiedenen Sprachen publiziert. Mit Übersetzungen sind es sechs. Dabei konnte ich beobachten, dass die Struktur der Argumentation sich mit der Wissenschaftssprache verändert. Wenn ich in einer anderen Sprache als meiner Muttersprache schreibe, sei es nun Französisch, Italienisch, Spanisch oder eben Englisch, so versuche ich bewusst, auch in dieser Sprache zu denken, also nicht deutsche Gedanken im Kopf zu übersetzen, ehe ich sie zu Papier bringe. Gedanken, die in einer bestimmten Sprache ganz einfach entwickelt werden können, sind in anderen Sprachen gar nicht in derselben Form möglich. Es geht nicht nur um Eleganz, es geht vor allem auch darum, dass wissenschaftliche Argumentationsmöglichkeiten erst durch die Vielfalt an Wissenschaftssprachen voll ausgeschöpft werden können.

Es geht, wie gesagt wurde, eben nicht darum, das Deutsche als Wissenschaftssprache zu erhalten, sondern jene Sprachen zu pflegen, die dem Gegenstand nahe sind. Für mich als Romanist sind das die romanischen Sprachen. Ich vermute, dass auch in anderen Bereichen beispielsweise im Italienischen und Französischen aufgrund der Fachtraditionen gewisse Argumentationen möglich sind, die im Englischen nicht in derselben Tiefe zu Ende gedacht werden können. Ob man bis zum Lateinischen gehen sollte, möchte ich offenlassen, aber jedenfalls sollte man sich bemühen, eine (im Sinne der allgemeinen Verständlichkeit beschränkte) Vielfalt der Wissenschaftssprachen zu erhalten.

Pragmatisch gesehen ist es, auch aus finanziellen Gründen, nicht ohne Weiteres praktikabel, Veranstaltungen oder auch Publikationen in mehreren Sprachen zu konzipieren. Ein breites Publikum wird sich für solche Bücher nicht finden lassen, und die für solche Veranstaltungen notwendigen Dolmetschdienste sind kostspielig. Hier einen gangbaren Mittelweg zu finden, ist nicht einfach; es ist die Fähigkeit zur kulturellen Übersetzung durch Verbindung verschiedener einzelsprachlicher Publikationen und Konferenzen gefordert. Ich plädiere jedenfalls dafür, dass wir in den Wissenschaften nicht nur in einer einzigen Sprache denken, sprechen, argumentieren und publizieren.

ANTON ZEILINGER

Herr Kinzig, wollen Sie kurz Stellung nehmen?

WOLFRAM KINZIG

Ich stimme im Wesentlichen zu, es ist jedoch nicht jedem gegeben, in mehreren Sprachen zu denken und zu sprechen. Schon aus diesem Grunde ist es wichtig, es den Wissenschaftstreibenden, soweit es sinnvoll und praktikabel ist, zu ermöglichen, sich in ihrer Muttersprache zu äußern. Auch mir geht es nicht um eine Renationalisierung, sondern um eine Erhaltung der Sprachenvielfalt, in der Tat auf möglichst pragmatische Art und Weise.

Was bedeutet das für „kleinere" Sprachen? Da erlebe ich durchaus Überraschungen: Als ich das Thema mit meiner dänischen Assistentin diskutierte, bekam ich eine sehr deutliche Stellungnahme: „Ja, ich will auf Deutsch Wissenschaft machen! Im Deutschen kann ich mich viel besser ausdrücken als im Englischen!" Selbst für jene, deren Muttersprache weder Deutsch noch Englisch ist, spielt das Thema also durchaus eine Rolle.

Was mir erst beim Schreiben allmählich aufgegangen ist: Die in meinem Vortrag genannten Sprachen – Deutsch, Englisch, Italienisch, Spanisch – sind historisch gesehen die Kolonialsprachen. Moderne Diskurse über Kolonialisierung und soziale Aspekte etc. rücken dadurch ebenfalls ins Blickfeld und müssten noch stärker bedacht werden. Zunächst einmal würde ich auch in diesem Zusammenhang für Pluralität plädieren, soweit das pragmatisch möglich ist. Über einzelne Maßnahmen kann dann diskutiert werden.

ANTON ZEILINGER

Danke. Herr Kinzig, Sie hatten die Anglistik und Amerikanistik angesprochen. Es ist mir ein Vergnügen, Herrn Zacharasiewicz um seine Stellungnahme zu bitten.

WALDEMAR ZACHARASIEWICZ

Ich bin Anglist und Amerikanist und habe bereits anlässlich eines Akademietages dafür plädiert, die nationalen Wissenschaftssprachen beizubehalten. Ich bin kein *Native Speaker of English*. In meinem Fach ist es jedoch seit Dezennien Praxis, im Interesse der Reichweite und der Kommunikation mit Kolleginnen und Kollegen in anglophonen Ländern auf Englisch zu kommunizieren und zu schreiben. Es geht hier auch um die wirksame Vermittlung der eigenen Forschung. Beim *Europäischen Forum Alpbach*, bei dem ich über ein Jahrzehnt Kuratoriumsmitglied war, berichtete vor einigen Jahren ein prominenter französischer Anthropologe in einem Plenarvortrag über anthropologisch hochinteressante Millionen Jahre alte Funde im Tschad. Er fühlte sich genötigt, dies statt in seiner französischen Muttersprache auf Englisch zu tun: eine Katastrophe. Es war eine Groteske, die weder seinem wissenschaftlichen Profil entsprach noch dem sehr zahlreichen Publikum Partizipation und Verständnis ermöglichte. Vermutlich wurde bei den Dolmetschdiensten gespart. Das war sehr schade. Dies zeigt, dass sowohl für Forschungen, die in den Geisteswissenschaften als auch für jene, die in den Naturwissenschaften geleistet werden, diese Problematik der sprachlichen Vermittlung gilt.

Eine historische Anmerkung zum Bestreben an wissenschaftlichen Einrichtungen, Studierende aus anderen Ländern in die Lehre einzubeziehen: Im 19. Jahrhundert wurde das Deutsche zu einer sehr wichtigen Wissenschaftssprache. Im Zuge dieser Entwicklung kamen 9 000 Graduierte aus den USA an nord- und mitteldeutsche Universitäten, um einen akademischen Grad zu erwerben oder zumindest ein Semester in Deutschland zu verbringen. Zehn oder zwölf führende amerikanische Universitäten hatten dann Universitätspräsidenten mit einem solchen Curriculum. Die Herausforderung, deutsche Sprachkenntnisse zu erwerben, stellte damals keine unüberwindbare Barriere dar. Mit Ende des 19. Jahrhunderts und im Zuge des Ersten Weltkrieges mit der Anti-Hunnen-Propaganda kam es dann zu einem radikalen Ende dieser Praxis und des Austausches.

An einem unserer Akademietage berichtete eine dänische, in Holland wirkende Literaturwissenschaftlerin, dass sie an einer holländischen Universität verpflichtet wurde, in englischer Sprache die nationale holländische Literatur zu unterrichten. Eine Merkwürdigkeit, die auf ein mangelndes Selbstgefühl hinzudeu-

ten scheint, sich in Wirklichkeit aber aus dem Interesse an einer größeren Reichweite und der Möglichkeit, Studierende aus dem anglophonen Raum nach Holland zu holen, ergibt. Derartige Entwicklungen sind bedauerlich.

Ich plädiere als ein auch aufgrund meiner fachlichen Arbeit ausschließlich in englischer Sprache unterrichtender und im Wesentlichen auch so publizierender Anglist und Amerikanist dafür, die nationalen Sprachen wegen ihres kulturellen Gehaltes nicht einzuschränken, sondern vielmehr zu fördern. Die Entwicklung hin zu einer Anglifizierung sollte im Sinne einer Balance zu Nutz und Frommen aller eingebremst werden – dies auch im Hinblick auf den unterschiedlichen Charakter und die sich in den Publikationen in diesen Sprachen spiegelnde Eigenart der Sprachkulturen, wie Sie, Herr Kinzig, und Kollege Rössner angemerkt haben.

Zustimmung also von einem aufgrund der gegenwärtigen Situation fast ausschließlich in englischer Sprache publizierenden Anglisten und Amerikanisten. Plädoyer für die Beibehaltung und Förderung der Vielfalt der Sprachen im europäischen Raum und darüber hinaus.

GEORG BRASSEUR

Eine pragmatische Frage: Wie könnte ein auf Deutsch verfasster komplexer Artikel über technische Zusammenhänge am besten in eine andere Sprache gebracht werden? Ist es bei guten Sprachkenntnissen sinnvoll, den Text in der Zielsprache neu zu formulieren und das Resultat einem Native Speaker zur Korrektur vorzulegen, um Germanismen zu korrigieren? Oder wäre es effizienter, ein Übersetzungsbüro zu beauftragen? Es wurde bereits ein Beispiel gebracht, bei dem ein Text mangels Fachwissens stark verfälscht wurde.

WOLFRAM KINZIG

Meiner Erfahrung nach ist es besser, sofern man des Englischen einigermaßen mächtig ist, von vornherein auf Englisch zu schreiben, als Übersetzungsbüros mit der Übersetzung oder auch nur der Korrektur zu beauftragen. Für das Englische ist dies von besonderer Bedeutung. Es macht einen Unterschied, ob die Person, die Sie für das Lektorat beauftragen, aus dem amerikanischen oder dem britischen Sprachraum kommt. Auch das Stilgefühl dieser Person spielt eine Rolle. Im Englischen hängt dies stark von unterschiedlichen Regionen und Sozialisationen, aber auch individuellen Aspekten ab. Bei verschiedenen Leuten kommen oft sehr unterschiedliche Ergebnisse heraus, bis hin zur Zeichensetzung. Mein Rat wäre, auf Englisch zu schreiben und sich dann mit jemandem, die oder der sich auch in der Fachsprache sehr gut auskennt, darüber auszutauschen. Solche Menschen sind allerdings rar gesät. Wenn die Qualität gut sein soll, ist das ein mühsamer Prozess. Das rate ich auch meinen Mitarbeiterinnen und Mitarbeitern oder auch Kolleginnen und Kollegen bei uns im Exzellenzcluster. Abraten würde ich davon, eine Person mit Übersetzungserfahrung zu beauftragen, die sich mit dem Kontext nicht auskennt. Die Resultate können falsch sein. Zur Automatisierung von Übersetzungen: Die Ergebnisse des Übersetzungsprogramms DeepL, mit dem ich bereits gearbeitet habe, sind insgesamt nicht schlecht, es ist aber doch ein Maschinenenglisch, und das merkt man.

BIRGIT KELLNER

Gegenüber den Schwierigkeiten, die Sie zurecht angesprochen haben, möchte ich aber doch auch auf die Bereicherung hinweisen, die durch die Verwendung des Englischen stattfindet, weil man mit neuen und ganz anderen Personenkreisen kommunizieren kann. Bei Ihrer Bemerkung über den deutschen Exzellenzcluster musste ich schmunzeln. Ich war fünf Jahre lang an einem solchen Exzellenzcluster beteiligt; die Frage einer gemeinsamen Sprache wurde dort immer wieder sehr lebhaft und kontrovers diskutiert. Ich habe miterlebt, wie Studierende und Wissenschafter/innen aus Korea, Tschechien, Japan oder China miteinander durchaus auf hohem Niveau im Englischen kommunizieren konnten, auch wenn es sprachlich nicht immer hundertprozentig korrekt war und viele Aushandlungsprozesse und auch Sprachfindungsprozesse damit verbunden waren. Dieser Exzellenzcluster der Universität Heidelberg beschäftigte sich zudem auch inhaltlich mit kulturellen Austauschprozessen, was dem Thema Sprachliche Vielfalt besondere Aktualität verlieh. Für die Wissenschaftssprache ist auch entscheidend, wie junge Menschen an Universitäten miteinander sprechen, und welche Möglichkeiten – auch Zeitressourcen – ihnen dafür gegeben werden, andere Sprachen zu erlernen. In meinem Forschungsfeld, der Geistesgeschichte des Buddhismus, haben wir viel mit wissenschaftlichen Gästen und Studierenden aus Japan zu tun. Früher war es selbstverständlich, dass man in Japan in diesem Fach Deutsch als Forschungssprache lernte. Heute wird an japanischen Universitäten die Meinung vertreten, dass Deutsch eher unwichtig sei; das Englische hat an Status gewonnen. Zudem wird die Studiendauer überall verkürzt, wodurch Zeit für das Erlernen von Sprachen verloren geht. Mit diesen Faktoren müssen wir uns auseinandersetzen. Entscheidend ist schon auf dieser Ebene anzusetzen und zu prüfen, wie eine Förderung von Mehrsprachigkeit umsetzbar ist.

WOLFRAM KINZIG

Ich kann nur restlos zustimmen. Welche Anteile an den Curricula sind heute für Fremdsprachen vorgesehen, abgesehen vom Englischen? In meinem Exzellencluster beobachte ich dasselbe wie Sie in Ihrem. Das Englische ist notwendig und förderlich für die Kommunikation. Was ich in Deutschland etwas vermisse – das mag allerdings von Standort zu Standort verschieden sein – ist, dass, wenn Menschen für mehrere Jahre in unseren wissenschaftlichen Institutionen angestellt werden, man ihnen auch die Pflicht auferlegt, Deutsch zu lernen. Dies nicht zu tun, schadet den Beteiligten, wie ich in dramatischer Weise in der derzeitigen Corona-Situation beobachten konnte. Die jungen Menschen waren in ihren Studentenbuden oder Wohnheimen eingesperrt und konnten sich über ihre engen Zirkel hinaus kaum verständigen. Der Druck, Deutsch zu lernen, ist nicht groß genug. Wer über mehrere Jahre in einem Land lebt, sollte die Sprache bis zu einem gewissen Grad erlernt haben. Idealerweise vorher, spätestens aber im Gastland.

BRIGITTE MAZOHL

Ich möchte aus meiner Disziplin, den Geschichtswissenschaften, ein zusätzliches Argument in die Debatte werfen: das der quellengemäßen Begriffssprache. Sprache ist ja nicht nur ein Instrument zur Verständigung, sondern in vielen Fällen auch Untersuchungsgegenstand. Immer wieder sind historische Begriffe aufgrund unterschiedlicher geschichtlicher Bedingungen schwer zu übersetzen. Beispielsweise existiert der Begriff der *Stände* im Englischen nicht. Im Französischen wurde der Ausdruck mit dem Wort *l'état* übersetzt. Mit diesem Begriff wird im Deutschen aber auch der Staat bezeichnet. Ob es sich nun um den Staat oder um die Stände handelte, darin lag eine der heißest diskutierten Debatten in der Revolutionszeit vom 18. zum 19. Jahrhundert. Allein dieses Beispiel zeigt, dass ein Begriff auch eine konkrete historische Realität bezeichnet. Mit Übersetzungen von DeepL Translate oder Ähnlichem ist eine Annäherung an diese Komplexität kaum möglich.

Ein anderes Beispiel ist der Begriff *Volksstämme* der Habsburger Monarchie. Damit habe ich mich schon oft für englischsprachige Übersetzungen herumgequält. „Peoples" passt nicht, „Nations" passt ebensowenig, „Nationalities" noch weniger. Aufzuzeigen was die „Volksstämme" der Habsburger Monarchie für das 19. Jahrhundert bedeuteten, ist ein schwieriges Unterfangen. Es zeigt sich, wie wichtig es ist, zumindest in passiver Art und Weise die eigene

Sprache beizubehalten. Als Historikerin muss ich einfach mit deutschen Begriffen arbeiten können.

Ich habe jahrelang ein Internationales Graduiertenkolleg mitgeleitet. Das hat auch deshalb so gut funktioniert, weil alle Teilnehmerinnen und Teilnehmer in ihrer Muttersprache sprechen konnten und einfach davon ausgegangen wurde, dass die anderen dies auch verstehen. Passive Sprachkompetenz in den anderen Sprachen wurde vorausgesetzt und trotzdem respektiert, dass man sich in der eigenen Sprache einfach viel differenzierter ausdrücken kann.

WOLFRAM KINZIG

Ich kann Ihnen nur zustimmen. In der Mediävistik ist das besonders wichtig. In der frühen Neuzeit gibt es wunderbare Beispiele für unübersetzbare Begriffe. Das Lehnswesen beispielsweise wird in den einzelnen europäischen Sprachen terminologisch ganz unterschiedlich gefasst – dahinter verbergen sich teilweise Unterschiede in der Sache. In unserem Bonner Studiengang *Ecumenical Studies* unterrichte ich Reformationsgeschichte auf Englisch. Begriffsklärungen wie „Reichstag / Imperial

Diet" sind an der Tagesordnung. Ob das, was man im Englischen sagt, tatsächlich das ist, was man sagen will, muss dabei immer wieder reflektiert werden. Bleibt man in der internationalen Kommunikation bei der eigenen Sprache, kann es auch zu fruchtbaren Übertragungen von der einen in die andere Sprache kommen: In meinem Fach, der Patristik, wird häufig mit fremdsprachigen Begriffen gearbeitet. Ein Beispiel: Der Begriff „Sitz im Leben", den die deutschsprachige Theologie eingeführt hat, ist inzwischen ein Fremdwort im Englischen. Assimilationsvorgänge finden also durchaus statt.

MICHAEL METZELTIN

Ich halte meine Ergänzung kurz. Das Thema verdient eigentlich einen weiteren Vortrag. Es wurde dafür plädiert, in der Sprache zu denken, in der man schreibt. Ich glaube nicht, dass wir in Sprachen denken. Denken und Sprechen sind unterschiedliche Dinge. Wie Syllogismen gedacht werden, das dürfte in Buenos Aires, in Shanghai und in Wien gleich sein. Wie Syllogismen jedoch ausgedrückt und versprachlicht werden, das ist etwas ganz anderes. Das wird im

heutigen Englisch, im Französischen des 16. Jahrhunderts oder im Chinesischen pragmatisch unterschiedlich sein. Ich schreibe in sechs Sprachen; fünf romanische und Deutsch. Englisch schreibe ich nicht, das kann ich nicht gut genug. Wichtig ist, Sprachen in ihrer ganzen Pragmatik und historischen Dimension zu lernen. Was für das Englische gesagt wurde, gilt auch für das Französische, aber erst seit dem 18. Jahrhundert. Historisch kulturelle Entwicklungen zwingen uns, heute auf Englisch zu schreiben. Dafür besteht keine fundamentale Notwendigkeit. Denken ist überall gleich. Aber wie wir das Denken ausdrücken, das ist verschieden, und das macht den Reichtum der Sprachen und Perspektiven aus. Sie haben sehr schön gezeigt, dass die Perspektivierung des ersten Satzes in Ihrem Buch im Englischen eine ganz andere ist als im Deutschen. Dementsprechend ist die Interpretation auch eine andere.

WOLFRAM KINZIG

Mit Denken meinte ich nicht logisches Denken, sondern so etwas wie eine Form der Weltwahrnehmung und der Weltäußerung. Und die ist in der Tat unterschiedlich. Ein Beispiel: Meine Frau ist Mexikanerin, meine Kinder sind zweisprachig. Wenn meine Tochter nach Mexiko reist, verwandelt sie sich dort in ihrem Sprachgestus in eine andere Person. Sie äußert sich anders, weil mündliche Kommunikation in romanischen Ländern teilweise eine andere Funktion hat als im Deutschen. Das ist der Charme der echten Zweisprachigkeit: Sie kann zwischen diesen „Persönlichkeiten" wechseln.

Zum Englischen noch ergänzend: Ich habe mich mit britischen Kolleginnen und Kollegen ausgetauscht, die das Phänomen Satzlänge breit diskutieren. Früher waren im Englischen die Sätze deutlich länger. Erst im 20. Jahrhundert ging die sprachliche Entwicklung hin zu kürzeren Sätzen. Nicht anders im Deutschen: An den Arbeiten meines Teams sehe ich deutlich, wie die Sätze kürzer werden. Hypotaxen sind seltener geworden. Im Wesentlichen wird in einer hauptsatzdominierten Wissenschaftsprosa geschrieben. Die Gründe dafür sind komplex, aber daran zeigt sich, wie sich bestimmte Strukturen auch in verschiedenen Sprachen parallel weiterentwickeln. Das sind keine statischen Gebilde.

GIULIO SUPERTI-FURGA

Herr Kinzig, ich habe Ihre Analysen der verschiedenen Sätze genossen. Ich liebe die deutsche Sprache. Ich bin Italiener, aber ich verstehe sehr wohl, dass es viele Argumente und Themen gibt, die auf Deutsch besser diskutiert werden können als auf Englisch. Jede Theologin und jeder Theologe wird sehr genau ausführen können, dass auf Griechisch das Evangelium deutlich anders ist als auf Lateinisch, was sehr viel mit der Geschichte des Christentums zu tun hat, aber auch mit Veränderungen, die mit der Übersetzung vom Griechischen ins Lateinische stattgefunden haben. Und sicher hat es auch damit zu tun, dass in verschiedenen Sprachen unterschiedlich formuliert wird. Gerade diese sprachliche Vielfalt ist wichtig.

Ohne unhöflich sein zu wollen, möchte ich eine Art Dissens verursachen. Ihre Ausführungen wären sehr schön in Oxford gewesen und wären schön hier auf Englisch. Aber wenn Sie das Lob der deutschen Sprache anführen, finde ich das aus verschiedenen Gründen nicht mehr zeitgemäß. Es tönt wie ein Romantisieren: „Wie schön waren die Zeiten, als die deutsche Sprache die Wissenschaft dominierte." In den 1920er- und 1950er-Jahren vielleicht, aber sicher nicht in den 1930er-Jahren, die man sich nicht zurückwünscht.

Darüber hinaus haben wir an dieser Akademie das grundsätzliche Problem, dass wir sehr clevere, sehr intelligente Menschen nicht teilnehmen lassen, weil sie nicht genügend Deutsch sprechen. Vielleicht genügend um zuzuhören, sie fühlen sich jedoch eingeschränkt, wenn sie etwas beitragen wollen, sodass sie der Akademie einfach fernbleiben. Wir könnten ein Elfenbeinturm werden. Wir können sagen, wie schön unsere Sprache ist, wie gelehrt. Aber was wir dabei verlieren, sind eine lebendige Akademie, die von der Vielfalt der Ideen und der Kulturen profitiert, und die vielen sehr guten internationalen Akademiemitglieder, die hier nicht mitreden können. Hätten Sie Ihren Talk in Oxford gehalten, um dort die Kolleginnen und Kollegen zu überzeugen, dass die deutsche Sprache eine präzise und spannendere ist als zum Beispiel die englische, oder wenn Sie hier den Vortrag auf Englisch gehalten hätten, um alle an Ihren Gedanken teilhaben zu lassen, dann würde ich Ihnen eher zustimmen.

WOLFRAM KINZIG

Die internen Diskussionen Ihrer Akademie kenne ich nicht, und in Oxford, glauben Sie mir, führe ich ähnliche Diskussionen, aber das ist nicht der Punkt. Ich habe nicht, und darauf lege ich großen Wert, ich habe nicht das Lob der deutschen Sprache gesungen. Ich habe ausdrücklich gesagt, dass ich nicht weiß, ob es sinnvoll ist, das Deutsche wieder einzuführen. Ich wollte lediglich zum Ausdruck bringen, dass im Deutschen gewisse Dinge anders ausgedrückt werden als im Englischen. Von der Eleganz des Englischen habe ich aus gutem Grund gesprochen. Ich liebe diese Sprache, aber sie ist eben nur eine Sprache von vielen. Mehr wollte ich damit nicht gesagt haben. Auch habe ich ausdrücklich vor einer Renationalisierung gewarnt.

KLAUS SCHMIDT

Herr Kinzig, Sie haben wunderbar mit Ihrem einführenden Satz, den Sie zunächst auf Deutsch und dann in englischer Übersetzung präsentiert haben, auf die verschiedenen Qualitäten der beiden Sprachen hingewiesen. In der Diskussion sind die Qualitäten des Englischen vielleicht ein wenig zu kurz gekommen. Ich bin der Meinung, dass zum Ausdruck mathematischer Sachverhalte die englische Sprache geeigneter ist als die deutsche, da sie sich von ihrer spartanischeren Struktur her den spartanischen Gedankengängen der Mathematik leichter anpasst.

Ich möchte an dieser Stelle Hermann Weyl zitieren. Er war ein wunderbarer Stilist in der deutschen Sprache. In den späten 1930er-Jahren ging er nach Princeton und verfasste dort sein Buch *The Classical Groups*, worin er schreibt:

„The gods have imposed upon my writing the yoke of a foreign language that was not sung at my cradle."

Selbst Mathematiker haben eine gewisse Nostalgie für ihre Muttersprache.

MAX HALLER

Ich stimme zu, dass Sprachen und vor allem Sprachwissenschaften sehr wichtig sind. Dass es jetzt eine einheitliche Wissenschaftssprache gibt, sehe ich aber als enormen Vorteil. Wissenschaftlerinnen und Wissenschaftler auf der ganzen Welt können sich so problemlos miteinander austauschen.

Die Idee von Mittelstraß, eine Konferenz in vier oder fünf Sprachen abzuhalten, halte ich für illusorisch. Ein Beispiel aus meiner Erfahrung: Ein Weltkongress für Soziologie mit etwa viertausend Teilnehmenden, ein großer Vortrag auf Spanisch: Der Hörsaal hat sich sehr schnell geleert. Bald waren nur mehr 20 Personen anwesend.

Für eine Zeitschrift untersuchte ich Zitationen von Artikeln, die in japanischen, italienischen, französischen und englischen soziologischen Zeitschriften (in der jeweiligen Landessprache) erschienen waren. In jedem Land waren etwa 30% der zitierten Publikationen englische Artikel. Es überraschte mich nicht, dass französische, englische und amerikanische Autorinnen und Autoren kaum deutschsprachige Artikel zitieren. Was mich aber überraschte, war, dass in US-amerikanischen Artikeln auch keine englischsprachigen Publikationen in englischen Zeitschriften zitiert wurden. Diese inoffizielle nationale Hierarchie ist kein Geheimnis. Wir alle wissen, die amerikanischen Zeitschriften sind die Top-Zeitschriften, deswegen müssen wir auch dort publizieren.

In den Naturwissenschaften ist das Englische kein Problem. Für die

Sozial- und Geisteswissenschaften sind lokale Sprachen von zentraler Bedeutung, da das Wissen der Bevölkerung über verschiedene Medien mitgeteilt werden muss.

Ich finde an der englischen Sprache vorbildhaft, dass sie sehr klar ist und mit kurzen Sätzen auskommt. Auch ich habe Hegel studiert – da steigt mir noch heute das Grausen auf über diese Sätze.

KARL ACHAM

Man muss schon eine andere Sprache als die Muttersprache tiefgehend erlernt haben, um überhaupt erst feststellen zu können, dass so etwas wie eine Unangemessenheit der Begrifflichkeit der einen Sprache in Bezug auf die andere vorliegt. Nun bedeutet Globalisierung unter anderem auch sprachliche Vielgestaltigkeit der Wissenschaften und der Wissenschaftreibenden. Wir kommen daher nicht darum herum, so etwas wie eine Lingua franca in Anwendung zu bringen. Die alte Lingua franca des Lateinischen wurde, so scheint es, so gut und gründlich unterrichtet, dass alle Gelehrten auf dem annähernd gleichen sprachlichen Niveau waren. Davon unterscheidet sich die derzeitige Lingua franca insofern, als die Kenntnisse des Englischen unterschiedlich gut – oder unterschiedlich schlecht – sind. Eine echte gemeinsame Grundlage ist nicht recht vorhanden. Was wäre Ihr Vorschlag, Herr Kinzig, in Bezug auf die Entwicklung oder auch Rekonstituierung einer Lingua franca in unserer hochgradig diversifizierten Wissenschaftslandschaft, in der die Bezugnahme auf einen Kernbestand von Sprachregeln sowie von Fachtermini, welche begriffliche Eindeutigkeit verbürgen, nicht hinreichend ist?

In meiner zweiten Frage geht es um das wissenschaftliche Gutachterwesen. Als Gutachter in einem Komitee von *HERA* – „HERA" steht für *Humanities in the European Research Area* – machte ich vor mehreren Jahren eine aufschlussreiche Erfahrung. Die Dominanz anglophoner Gutachterinnen und Gutachter – sie stammten nicht nur aus England, Schottland und Irland, sondern unter anderem auch aus Australien – war eklatant. Europäer einer anderen als der englischen Sprachangehörigkeit waren in ihrer Gesamtheit gegenüber den Anglophonen zahlenmäßig bei weitem nicht äquivalent vertreten. Mit meiner Wortmeldung will ich nun nicht einen Hymnus auf eine bestimmte Sprache, die deutsche, anstimmen oder ein Klagelied über eine andere. Ich konstatierte im konkreten Fall jedoch ein großes Manko bezüglich der Beurteilung eines Antrags aus dem slawischen Sprachraum. Eine Art von sprachlichem Imperialismus und von Unfairness war dabei am Werk, die sich einerseits aus der politischen und andererseits vor allem aus der naturwissenschaftlichen Dominanz der anglophonen Länder, vor allem der USA, ergeben hat. Europäische Forschungsinstitutionen richten sich nun aber auch im Fall von geistes- und sozialwissenschaftlichen Forschungsanträgen bei der Konsultation von Evaluatoren zunehmend auf jenen Sprachraum hin aus.

Ich werde nicht vergessen, wie die vorzügliche Exposition eines sozialwissenschaftlichen Themas im Antrag tschechischer Forscher zurückgewiesen wurde. Ungeachtet der hochinteressanten Fragestellung wurde argumentiert, der Antrag – es gab in ihm in der Tat einige stilistische Holprigkeiten – sei in so schlechtem Englisch formuliert, dass man vermuten könne, dass sich dahinter auch keine klugen Köpfe verbergen. Angehörige slawischer Nationen gab es im Komitee von *HERA* keine. Die erwähnte negative Beurteilung wurde zwar nicht von allen anglophonen Komiteemitgliedern, aber doch von deren großer Mehrheit vertreten. Dass diese Kritiker zwar ihrer Muttersprache mächtig waren, aber nicht in der Lage, eine einzige slawische Sprache zu sprechen, steht auf einem anderen Blatt. Solche Experten beurteilten jedoch bei Bedarf wohl auch Forschungsanträge etwa zu Dostojewski. Wir müssen, so scheint es, das wissenschaftliche Gutachterwesen in bestimmter Hinsicht auf neue Beine stellen. Ansonsten bleibt es bei einem sprachlichen Imperialismus, der wissenschaftlich nicht zu rechtfertigen ist. Haben Sie, Herr Kinzig, Vorschläge, wie das Gutachterwesen zur Beherrschung derartiger Deformationen umgestaltet werden könnte?

ANTON ZEILINGER

Herr Kinzig, ich darf Sie um Ihre Stellungnahme zu den letzten drei Fragen und um ein abschließendes Schlusswort bitten.

WOLFRAM KINZIG

Natürlich sollte darauf geachtet werden, und das ist eine politische Forderung, dass das Erlernen von Fremdsprachen in den Schulen Europas sich nicht auf das Englische verengt. In Deutschland können mittlerweile auch Studierende, die auf dem Papier das Latinum besitzen, auf einer ganz basalen Ebene kein Latein, weil dafür nicht mehr genügend Zeit bleibt. Es geht darum, das Gefühl und den Spaß an Fremdsprachen zu wecken.

Zum Gutachterwesen kann ich nicht viel beitragen. Eine möglichst breite Streuung von Gutachterinnen und Gutachtern ist selbstverständlich sehr wichtig. Ähnliches gilt auch für University Rankings. Erstmal stammen die wichtigsten Rankings aus dem angelsächsischen und auch dem asiatischen Raum, denken wir an das Shanghai Ranking. Angelsächsische Universitäten stehen immer ganz oben auf diesen Listen. Europäische Universitäten bekommt man erst viel weiter unten zu Gesicht. Das kann nicht richtig sein und hat mit einer Verengung des Blickwinkels, bei dem auch die Sprache, in der publiziert wird, eine maßgebliche Rolle spielt, zu tun. Warum gibt es eigentlich kein europäisches Ranking, in dem andere Parameter verwendet werden, wo die Vielfalt der Sprachen eben auch eine Rolle spielt?

Englisch als Lingua franca ist zweifellos eine Errungenschaft. Es ist jedoch eine neue Errungenschaft. Deutsch war als Wissenschaftssprache im 19. und der ersten Hälfte des 20. Jahrhunderts weit verbreitet. Vorher war es Latein. Die Sprache der Diplomatie war das Französische. Es gibt auch andere Linguae francae. Möglicherweise kommt in Zukunft das Chinesische dazu. Die Vielfalt der Sprachen generell zu fördern, scheint mir entscheidend zu sein. Wir riskieren sonst eine Form von Kulturverlust.

ANTON ZEILINGER

Das war ein sehr schönes Schlusswort. Wir möchten Ihnen noch einmal herzlich danken. Wir haben eineinhalb Stunden mit Ihrem Vortrag und den Diskussionen verbracht. Sie sind bei uns auf großes Echo gestoßen. Wenn die Situation es wieder zulässt, sind Sie herzlich eingeladen, die Österreichische Akademie der Wissenschaften in Wien zu besuchen. Vielen herzlichen Dank.

WOLFRAM KINZIG

Derzeitige Position

- Professor für Kirchengeschichte mit dem Schwerpunkt Alte Kirchengeschichte an der Evangelisch-Theologischen Fakultät der Rheinischen Friedrich-Wilhelms-Universität Bonn
- Sprecher des dortigen „Zentrums für Religion und Gesellschaft" (ZERG)
- Principal Investigator am Exzellenzcluster „Beyond Slavery and Freedom. Asymmetrische Abhängigkeiten in vormodernen Gesellschaften"

Arbeitsschwerpunkte

Altkirchliche Glaubensbekenntnisse, altkirchliche Exegese und Predigt, Kyrill von Alexandria, christliche Geschichtsvorstellungen, Geschichte der jüdisch-christlichen Beziehungen, Universitäts- und Wissenschaftsgeschichte (bes. Theologie) im 19. und 20. Jahrhundert und das globale Christentum der Gegenwart

Ausbildung

1991	Habilitation an der Theologischen Fakultät der Ruprecht-Karls-Universität Heidelberg
1988	Promotion zum Doktor der Theologie an der Theologischen Fakultät der Ruprecht-Karls-Universität Heidelberg
1985–1988	Promotionsstudium in Heidelberg, Oxford (Christ Church) und Cambridge (Trinity College)
1978–1985	Studium der Evangelischen Theologie und Latinistik in Heidelberg und Lausanne

Werdegang

Seit 1996	Professor für Kirchengeschichte an der Evangelisch-Theologischen Fakultät der Universität Bonn
1992–1996	Privatdozent für Kirchengeschichte an der Universität Heidelberg
1992–1995	Fellow of King's College, Cambridge
1988–1992	Fellow of Peterhouse, Cambridge

Weitere Informationen zum Autor finden Sie unter:
www.alte-kirchengeschichte.uni-bonn.de/kinzig/biographie-1/biographie-von-prof.-dr.-wolfram-kinzig